もくじ　時刻と時間3年

JN104466

時こくと時間のまとめ

時こくのもとめ方

●午後１時50分から40分後 ➡ 午後２時30分

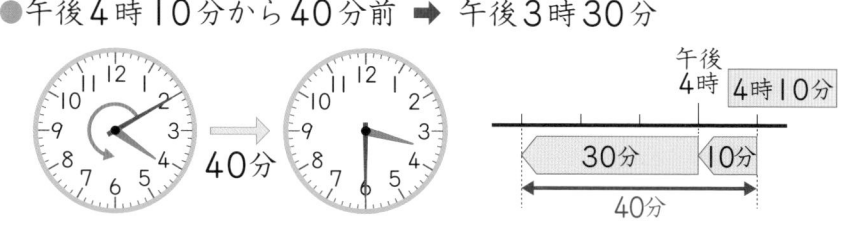

40分

1時50分　午後2時

10分　30分

40分

●午後４時10分から40分前 ➡ 午後３時30分

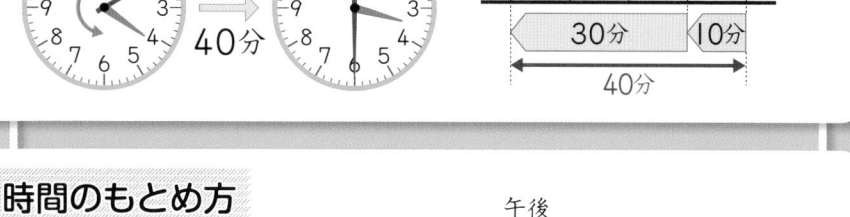

40分

午後4時　4時10分

30分　10分

40分

時間のもとめ方

●午後２時40分から
午後３時30分まで
の時間 ➡ 50分

2時40分　午後3時　3時30分

20分　30分

50分

秒

●ストップウォッチの中
の小さい文字ばんの
はりが、「分」を表す。

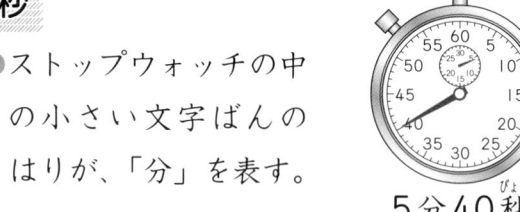

5分40秒

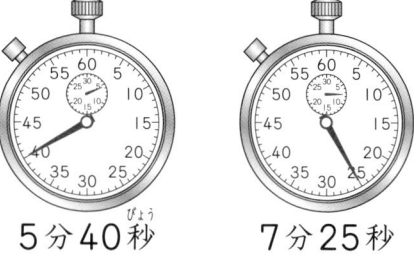

7分25秒

あわせた時間 ①

月　　日

／100点

1 次の時間を答えましょう。　　　　　　　　1つ12〔72点〕

❶　30分と10分をあわせた時間　（　　　　　　　　）

❷　20分と27分をあわせた時間　（　　　　　　　　）

❸　35分と19分をあわせた時間　（　　　　　　　　）

❹　16分と27分をあわせた時間　（　　　　　　　　）

❺　25分と25分をあわせた時間　（　　　　　　　　）

❻　15分と35分をあわせた時間　（　　　　　　　　）

2 50分と40分をあわせた時間をもとめます。　1つ14〔28点〕

❶　あわせた時間は何分ですか。　（　　　　　　　　）

❷　❶でもとめた時間は、何時間何分
ですか。

（　　　　　　　　）

> **ヒント**
> ★ 1時間＝60分
> より何分多いか考
> えます。

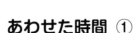

あわせた時間 ①

かくにん **1**

月　　日

／100点

1▶ 次の時間を答えましょう。　　　　　　　　　1つ14〔42点〕

❶　16分と18分をあわせた時間　　（　　　　　　　）

❷　24分と26分をあわせた時間　　（　　　　　　　）

❸　38分と15分をあわせた時間　　（　　　　　　　）

2▶ 26分と34分をあわせた時間をもとめます。　1つ14〔28点〕

❶　あわせた時間は何分ですか。　　（　　　　　　　）

❷　❶でもとめた時間は、何時間ですか。

（　　　　　　　）

3▶ 35分と45分をあわせた時間をもとめます。　1つ15〔30点〕

❶　あわせた時間は何分ですか。　　（　　　　　　　）

❷　❶でもとめた時間は、何時間何分ですか。

（　　　　　　　）

答えは65ページ

きほん 2 あわせた時間 ②

/100点

1 20分と30分と25分をあわせた時間をもとめます。

1つ10〔20点〕

① あわせた時間は何分ですか。　　　（　　　　　）

② ①でもとめた時間は、何時間何分ですか。

（　　　　　）

2 次の時間が何時間何分かを答えましょう。　　1つ16〔80点〕

① 40分と40分をあわせた時間　　　（　　　　　）

② 38分と44分をあわせた時間　　　（　　　　　）

③ 16分と48分をあわせた時間　　　（　　　　　）

④ 40分と30分と30分をあわせた時間

（　　　　　）

⑤ 27分と31分と45分をあわせた時間

（　　　　　）

あわせた時間 ②

/100点

1 50分と25分と45分をあわせた時間をもとめます。

1つ10〔20点〕

❶　あわせた時間は何分ですか。　　（　　　　　　　）

❷　❶でもとめた時間は、何時間ですか。

（　　　　　　　）

2 次の時間が何時間何分かを答えましょう。　　1つ16〔80点〕

❶　20分と50分をあわせた時間　（　　　　　　　）

❷　56分と55分をあわせた時間　（　　　　　　　）

❸　45分と45分をあわせた時間　（　　　　　　　）

❹　15分と32分と13分をあわせた時間

（　　　　　　　）

❺　45分と38分と44分をあわせた時間

（　　　　　　　）

答えは
65ページ

あわせた時間 ③

／100点

1▶ | 時間 30 分と 50 分をあわせた時間をもとめます。

1つ10〔20点〕

❶　30 分と 50 分をあわせた時間は
何時間何分ですか。　　　　　　（　　　　　　）

❷　| 時間 30 分と 50 分をあわせた
時間は何時間何分ですか。　　　（　　　　　　）

2▶ 次の時間が何時間何分かを答えましょう。　　　1つ16〔80点〕

❶　| 時間 |0 分と 40 分をあわせた時間

（　　　　　　）

❷　| 時間 25 分と 28 分をあわせた時間

（　　　　　　）

❸　| 時間 40 分と 40 分をあわせた時間

（　　　　　　）

❹　| 時間 38 分と 47 分をあわせた時間

（　　　　　　）

❺　27 分と | 時間 35 分をあわせた時間

（　　　　　　）

答えは
65ページ

月　日

10分

あわせた時間 ③

／100点

1 2時間14分と46分をあわせた時間をもとめます。

1つ10〔20点〕

❶　14分と46分をあわせた時間は
何時間ですか。　　　　　　　　　（　　　　　　）

❷　2時間14分と46分をあわせた
時間は何時間ですか。　　　　　　（　　　　　　）

2 次の時間が何時間何分かを答えましょう。　　1つ16〔80点〕

❶　1時間8分と48分をあわせた時間

（　　　　　　）

❷　3時間30分と40分をあわせた時間

（　　　　　　）

❸　2時間35分と45分をあわせた時間

（　　　　　　）

❹　1時間5分と55分をあわせた時間

（　　　　　　）

❺　5分と1時間57分をあわせた時間

（　　　　　　）

答えは
65ページ

あわせた時間 ④

／100点

1 １時間 40 分と １時間 30 分をあわせた時間をもとめます。

1つ12〔36点〕

● １時間どうしをあわせると
何時間ですか。　　　　　　　（　　　　　　　）

② 40 分と 30 分をあわせると
何時間何分ですか。　　　　　（　　　　　　　）

③ ●、②でもとめた時間を
あわせると何時間何分ですか。（　　　　　　　）

2 次の時間が何時間何分かを答えましょう。　　1つ16〔64点〕

● 2 時間 20 分と １時間 30 分をあわせた時間

（　　　　　　　）

② １時間 15 分と 3 時間 40 分をあわせた時間

（　　　　　　　）

③ 2 時間 45 分と 3 時間 25 分をあわせた時間

（　　　　　　　）

④ 2 時間 16 分と 2 時間 44 分をあわせた時間

（　　　　　　　）

答えは
65ページ

かくにん **4**

あわせた時間 ④

／100点

1 次^{つぎ}の計算をしましょう。　　　　　　　1つ14〔70点〕

❶ 1時間20分＋2時間20分　　（　　　　　　　）

❷ 1時間50分＋1時間50分　　（　　　　　　　）

❸ 1時間34分＋1時間47分　　（　　　　　　　）

❹ 2時間36分＋2時間38分　　（　　　　　　　）

❺ 1時間25分＋2時間35分　　（　　　　　　　）

2 けんたさんは家で、算数を1時間
50分、国語を40分、理科を30分
勉強^{べんきょう}しました。　　　　　1つ15〔30点〕

❶ 算数と国語の勉強時間をあわせる
と何時間何分ですか。

（　　　　　　　）

❷ 勉強した時間は、ぜんぶで何時間ですか。

（　　　　　　　）

答えは
65ページ

時間のちがい ①

／100点

1 次の時間のちがいを答えましょう。　　1つ12〔72点〕

❶ 50分と10分のちがい　　（　　　　　）

❷ 45分と35分のちがい　　（　　　　　）

❸ 50分と16分のちがい　　（　　　　　）

❹ 40分と25分のちがい　　（　　　　　）

❺ 30分と54分のちがい　　（　　　　　）

❻ 20分と39分のちがい　　（　　　　　）

ポイント
★ 時間のちがいは
「ひき算」で計算します。

2 次の計算をしましょう。　　1つ14〔28点〕

❶ 80分－45分　　（　　　　　）

❷ 100分－24分－37分　　（　　　　　）

答えは
66ページ

月　　日

10分

時間のちがい ①

／100点

1 次の時間のちがいを答えましょう。　　　　　1つ12〔24点〕

❶　33分と15分のちがい　　　　　（　　　　　　　）

❷　55分と100分のちがい　　　　（　　　　　　　）

2 次の計算をしましょう。　　　　　　　　　1つ13〔52点〕

❶　41分－36分　　　　　　　　　（　　　　　　　）

❷　54分－25分　　　　　　　　　（　　　　　　　）

❸　72分－19分－29分　　　　　（　　　　　　　）

❹　61分－17分－25分　　　　　（　　　　　　　）

3 おじさんの家まで車で行きました。行きは45分かかり、帰りは63分かかりました。　　　　　1つ12〔24点〕

❶　行きと帰りをあわせた時間は
　　何時間何分ですか。　　　　　　（　　　　　　　）

❷　行きと帰りで、かかった時間
　　のちがいは何分ですか。　　　　（　　　　　　　）

答えは
66ページ

時間のちがい ②

/100点

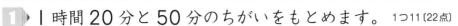

1 ▶ |時間 20 分と 50 分のちがいをもとめます。　1つ11〔22点〕

❶　|時間 20 分は何分ですか。　　（　　　　　）

❷　|時間 20 分と 50 分のちがいは何分ですか。

（　　　　　）

2 ▶ 次の時間のちがいを答えましょう。　1つ13〔78点〕

❶　|時間 40 分と 30 分のちがい　（　　　　　）

❷　|時間と 20 分のちがい

（　　　　　）

> **ポイント**
> ★ |時間を 60 分
> と考えます。

❸　|時間と 35 分のちがい　（　　　　　）

❹　|時間 10 分と 50 分のちがい　（　　　　　）

❺　|時間 5 分と 30 分のちがい　（　　　　　）

❻　|時間 22 分と 45 分のちがい　（　　　　　）

かくにん **6**

時間のちがい ②

／100点

1 次の時間のちがいを答えましょう。　　　　1つ14〔84点〕

❶　2時間35分と20分のちがい　（　　　　　　　）

❷　1時間と45分のちがい　（　　　　　　　）

❸　1時間20分と40分のちがい　（　　　　　　　）

❹　1時間30分と35分のちがい　（　　　　　　　）

❺　1時間14分と48分のちがい　（　　　　　　　）

❻　1時間3分と54分のちがい　（　　　　　　　）

2 ちかさんが家で勉強した時間は、きのうが1時間25分、きょうが47分でした。きのうときょうで、勉強した時間のちがいは何分ですか。　〔16点〕

（　　　　　　　）

答えは
66ページ

時間のちがい ③

月　　日

10分

／100点

1 3 時間 20 分と 1 時間 40 分のちがいをもとめます。

1つ10〔20点〕

❶　3 時間 20 分は 2 時間何分ですか。

（　　　　　　　　　）

❷　❶でもとめた時間と 1 時間 40 分
のちがいは何分ですか。

（　　　　　　　　　）

ポイント
★ 時間どうし、
分どうしをひき
ます。

2 次の時間のちがいを答えましょう。

1つ16〔80点〕

❶　3 時間 50 分と 1 時間 10 分の
ちがい

（　　　　　　　　　）

❷　2 時間 45 分と 2 時間 20 分の
ちがい

（　　　　　　　　　）

❸　3 時間 10 分と 1 時間 20 分の
ちがい

（　　　　　　　　　）

❹　2 時間 10 分と 1 時間 50 分の
ちがい

（　　　　　　　　　）

❺　3 時間と 1 時間 40 分のちがい

（　　　　　　　　　）

時間のちがい ③

／100点

1 次の時間のちがいを答えましょう。　1つ14〔84点〕

❶　4時間35分と1時間35分の
　ちがい　　　　　　　　　（　　　　　　）

❷　3時間20分と1時間25分の
　ちがい　　　　　　　　　（　　　　　　）

❸　2時間24分と1時間32分の
　ちがい　　　　　　　　　（　　　　　　）

❹　3時間と2時間25分のちがい（　　　　　　）

❺　4時間と1時間15分のちがい（　　　　　　）

❻　5時間20分と1時間55分の
　ちがい　　　　　　　　　（　　　　　　）

2 みらいさんは、テレビをきのうは
2時間、きょうは1時間8分見まし
た。きのうときょうで、テレビを見
た時間のちがいは何分ですか。〔16点〕

（　　　　　　）

答えは
66ページ

時間のちがい ④

／100点

1 ▶ 3時間20分と1時間40分のちがいをもとめます。

1つ10〔40点〕

① 3時間20分は何分ですか。 （　　　　　）

② 1時間40分は何分ですか。 （　　　　　）

③ ①、②でもとめた時間のちがいは
何分ですか。 （　　　　　）

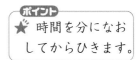
★ 時間を分になおしてからひきます。

④ ③でもとめた時間は何時間何分ですか。

（　　　　　）

2 ▶ 次の時間のちがいを答えましょう。 1つ20〔60点〕

① 3時間5分と1時間40分のちがい

（　　　　　）

② 4時間と2時間50分のちがい （　　　　　）

③ 3時間25分と2時間30分のちがい

（　　　　　）

時間のちがい ④

かくにん 8

/100点

1 次の計算をしましょう。 1つ14〔84点〕

❶ 2時間35分－1時間50分 （　　　　　　）

❷ 3時間－1時間58分 （　　　　　　）

❸ 4時間10分－2時間23分 （　　　　　　）

❹ 3時間15分－1時間16分 （　　　　　　）

❺ 4時間30分－1時間48分 （　　　　　　）

❻ 5時間25分－2時間52分 （　　　　　　）

2 あすかさんは、車でおじさんの家に行きました。行きは3時間45分、帰りは高速道路を使って1時間54分かかりました。行きと帰りで、かかった時間のちがいは何時間何分ですか。〔16点〕

（　　　　　　）

答えは
66ページ

△分後の時こく ①

1 午前 6 時 20 分から 30 分後の時こくを答えましょう。

〔25点〕

(　　　　　　　　　)

2 午後 3 時 50 分から 40 分後の時こくをもとめます。

1つ25〔75点〕

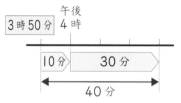

❶　3 時 50 分から 4 時までは
　何分ですか。

(　　　　　　　　　)

❷　40 分から 10 分をひくと
　何分ですか。

(　　　　　　　　　)

❸　午後 4 時から 30 分後の
　時こくを答えましょう。

(　　　　　　　　　)

△分後の時こく ①

／100点

1 午後 5 時 15 分から 40 分後の時こくを答えましょう。

〔25点〕

(　　　　　　　)

2 午前 7 時 35 分から 50 分後の時こくをもとめます。

1つ25〔75点〕

● 7 時 35 分から 8 時までは何分ですか。

(　　　　　　　)

❷ 50 分から 25 分をひくと何分ですか。

(　　　　　　　)

❸ 午前 8 時から 25 分後の時こくを答えましょう。

(　　　　　　　)

答えは
67ページ

きほん 10

△分後の時こく ②

1 午前 10 時 40 分から 35 分後の時こくをもとめます。

1つ8〔24点〕

❶ 10 時 40 分から 11 時までは何分ですか。

( )

❷ 35 分から 20 分をひくと何分ですか。

( )

❸ 午前 11 時から 15 分後の時こくを答えましょう。

( )

2 次の時こくを答えましょう。

1つ19〔76点〕

❶ 午前 10 時 10 分から
20 分後の時こく

( )

❷ 午後 1 時 30 分から
40 分後の時こく

( )

❸ 午前 6 時 45 分から
50 分後の時こく

( )

❹ 午後 3 時 50 分から
35 分後の時こく

( )

月　　日　10分

△分後の時こく ②

／100点

1 次の時こくを答えましょう。　　　　　1つ14〔84点〕

❶　午後7時25分から
32分後の時こく　　　（　　　　　　）

❷　午前10時14分から
46分後の時こく　　　（　　　　　　）

❸　午前8時45分から
30分後の時こく　　　（　　　　　　）

❹　午後1時50分から
45分後の時こく　　　（　　　　　　）

❺　午後9時15分から
50分後の時こく　　　（　　　　　　）

❻　午前9時27分から
37分後の時こく　　　（　　　　　　）

2 あきらさんは、午後4時45分から35分テレビを見ました。あきらさんは午後何時何分までテレビを見ましたか。

〔16点〕

（　　　　　　）

答えは
67ページ

○時間△分後の時こく ①

／100点

1 午後 1 時 40 分から 2 時間 30 分後の時こくをもとめます。

1つ20〔40点〕

 → 2 時間 →  → 30 分 →

❶　午後 1 時 40 分から 2 時間後の時こくを答えましょう。

（　　　　　　　）

❷　❶の時こくから 30 分後の時こくを答えましょう。

（　　　　　　　）

2 次の時こくを答えましょう。

1つ20〔60点〕

❶　午前 5 時 5 分から 4 時間 48 分後の時こく

（　　　　　　　）

❷　午後 1 時 50 分から 1 時間 25 分後の時こく

（　　　　　　　）

❸　午前 7 時 15 分から 2 時間 45 分後の時こく

（　　　　　　　）

○時間△分後の時こく ①

／100点

1 午前 7 時 15 分から 3 時間 50 分後の時こくをもとめます。

1つ20〔40点〕

3 時間　　　50 分

❶ 午前 7 時 15 分から 3 時間後の時こくを答えましょう。

（　　　　　　）

❷ ❶の時こくから 50 分後の時こくを答えましょう。

（　　　　　　）

2 次の時こくを答えましょう。

1つ20〔60点〕

❶ 午後 2 時 22 分から 2 時間 24 分後の時こく

（　　　　　　）

❷ 午後 8 時 25 分から 2 時間 48 分後の時こく

（　　　　　　）

❸ 午前 7 時 55 分から 1 時間 36 分後の時こく

（　　　　　　）

答えは
67ページ

○時間△分後の時こく ②

/100点

1 次の時こくを答えましょう。　　　　　　1つ16〔32点〕

❶　午前 9 時から 1 時間 45 分後の時こく

（　　　　　　　　　　）

❷　午後 2 時 15 分から 3 時間
25 分後の時こく

（　　　　　　　　　　）

ヒント
★ 3 時間後は
午後 5 時 15 分、
その 25 分後です。

2 次の時こくを答えましょう。　　　　　　1つ17〔68点〕

❶　午後 4 時 36 分から 2 時間 24 分後の時こく

（　　　　　　　　　　）

❷　午前 7 時 40 分から 2 時間 30 分後の時こく

（　　　　　　　　　　）

❸　午後 8 時 15 分から 1 時間 50 分後の時こく

（　　　　　　　　　　）

❹　午前 9 時 45 分から 1 時間 25 分後の時こく

（　　　　　　　　　　）

答えは
67ページ

○時間△分後の時こく ②

／100点

1 次の時こくを答えましょう。　　　　　　　　1つ16〔80点〕

❶　午後 3 時 18 分から 1 時間 35 分後の時こく

（　　　　　　　　　）

❷　午前 6 時 45 分から 3 時間 55 分後の時こく

（　　　　　　　　　）

❸　午前 9 時 38 分から 1 時間 22 分後の時こく

（　　　　　　　　　）

❹　午後 2 時 50 分から 5 時間 56 分後の時こく

（　　　　　　　　　）

❺　午後 4 時 44 分から 2 時間 44 分後の時こく

（　　　　　　　　　）

2 みくさんは、図書館で午後 1 時 35 分から 2 時間 45 分勉強しました。勉強を終えたのは午後何時何分ですか。

〔20点〕

（　　　　　　　　　）

答えは
67ページ

○時間△分後の時こく ③

/100点

1 午前 10 時 20 分から 3 時間 30 分後の時こくをもとめます。

1つ20〔40点〕

 ⇒ 3 時間 ⇒  ⇒ 30 分 ⇒

● 午前 10 時 20 分から 3 時間後の時こくを答えましょう。

（　　　　　　　　　　）

> **ヒント**
> ★ 1 時間後は午前 11 時 20 分、2 時間後は午後 0 時 20 分、……と考えます。

❷ ●の時こくから 30 分後の時こくを答えましょう。

（　　　　　　　　　　）

2 次の時こくを答えましょう。

1つ20〔60点〕

● 午前 10 時から 4 時間 40 分後の時こく

（　　　　　　　　　　）

❷ 午前 10 時 15 分から 3 時間 25 分後の時こく

（　　　　　　　　　　）

❸ 午前 11 時 20 分から 2 時間 35 分後の時こく

（　　　　　　　　　　）

○時間△分後の時こく ③

/100点

1 午前 11 時 45 分から 3 時間 40 分後の時こくをもとめます。

1つ20〔40点〕

3 時間

40 分

① 午前 11 時 45 分から 3 時間後の時こくを答えましょう。

(　　　　　　　　)

② ①の時こくから 40 分後の時こくを答えましょう。

(　　　　　　　　)

2 次の時こくを答えましょう。

1つ20〔60点〕

① 午前 10 時 50 分から
6 時間後の時こく

(　　　　　　　　)

② 午前 9 時 35 分から
4 時間 25 分後の時こく

(　　　　　　　　)

③ 午前 11 時 45 分から
2 時間 30 分後の時こく

(　　　　　　　　)

答えは
68ページ

○時間△分後の時こく ④

／100点

1 次の時こくを答えましょう。　　1つ16〔32点〕

① 午前 10 時から 5 時間 40 分後の時こく

（　　　　　　　　）

② 午前 11 時 5 分から 2 時間 30 分後の時こく

（　　　　　　　　）

> **ヒント**
> ★ 2 時間後は午後 1 時 5 分、その 30 分後です。

2 次の時こくを答えましょう。　　1つ17〔68点〕

① 午前 10 時 40 分から 2 時間 30 分後の時こく

（　　　　　　　　）

② 午前 9 時 50 分から 4 時間 25 分後の時こく

（　　　　　　　　）

③ 午前 11 時 5 分から 5 時間 55 分後の時こく

（　　　　　　　　）

④ 午前 10 時 35 分から 2 時間 35 分後の時こく

（　　　　　　　　）

○時間△分後の時こく ④

/100点

1 次の時こくを答えましょう。　　　　　1つ16〔80点〕

❶　午前 10 時 15 分から
3 時間 28 分後の時こく　　　（　　　　　　　　　）

❷　午前 11 時 30 分から
4 時間 40 分後の時こく　　　（　　　　　　　　　）

❸　午前 9 時 48 分から
5 時間 36 分後の時こく　　　（　　　　　　　　　）

❹　午前 10 時 15 分から
3 時間 45 分後の時こく　　　（　　　　　　　　　）

❺　午前 11 時 8 分から
2 時間 58 分後の時こく　　　（　　　　　　　　　）

2 さやかさんは、午前 8 時 25 分に学校に着いて、6 時間 55 分後に学校を出ました。さやかさんが学校を出た時こくは午後何時何分ですか。

〔20点〕

（　　　　　　　　　）

答えは
68ページ

△分前の時こく ①

／100点

1 午前 10 時 40 分から 30 分前の時こくを答えましょう。

〔25点〕

(　　　　　　　　　)

2 午後 2 時 10 分から 40 分前の時こくをもとめます。

1つ25〔75点〕

 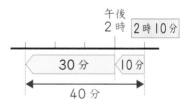

❶ 2 時 10 分の何分前が 2 時ですか。

(　　　　　　　　　)

❷ 40 分から 10 分をひくと何分ですか。

(　　　　　　　　　)

❸ 午後 2 時の 30 分前の時こくを答えましょう。

(　　　　　　　　　)

かくにん 15　△分前の時こく ①

/100点

1 次の時こくを答えましょう。　　　　　1つ20〔40点〕

❶　午後4時45分から
25分前の時こく　　　　　（　　　　　　　　　）

❷　午前10時51分から
45分前の時こく　　　　　（　　　　　　　　　）

2 午前11時15分から50分前の時こくをもとめます。

1つ20〔60点〕

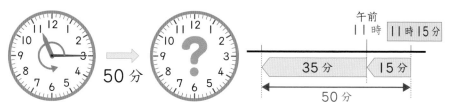

❶　11時15分の何分前が11時ですか。

（　　　　　　　　　）

❷　50分から15分をひくと何分ですか。

（　　　　　　　　　）

❸　午前11時の35分前の時こくを答えましょう。

（　　　　　　　　　）

答えは
68ページ

△分前の時こく ②

月　日

10分

／100点

1 午前 8 時 10 分から 35 分前の時こくをもとめます。

1つ10〔30点〕

❶ 8 時 10 分の何分前が 8 時ですか。

（　　　　　）

❷ 35 分から 10 分をひくと何分ですか。

（　　　　　）

❸ 午前 8 時の 25 分前の
時こくを答えましょう。

（　　　　　）

2 次の時こくを答えましょう。

1つ14〔70点〕

❶ 午後 2 時 50 分から
25 分前の時こく

（　　　　　）

❷ 午後 4 時から
45 分前の時こく

（　　　　　）

❸ 午前 11 時 20 分から
30 分前の時こく

（　　　　　）

❹ 午前 7 時 45 分から
50 分前の時こく

（　　　　　）

❺ 午後 9 時 5 分から
30 分前の時こく

（　　　　　）

答えは
68ページ

△分前の時こく ②

／100点

1 次の時こくを答えましょう。　　　　1つ16〔80点〕

❶　午後 3 時 45 分から 28 分前の時こく

（　　　　　　　　　　）

❷　午前 9 時 15 分から 35 分前の時こく

（　　　　　　　　　　）

❸　午後 5 時 50 分から 55 分前の時こく

（　　　　　　　　　　）

❹　午後 2 時 40 分から 52 分前の時こく

（　　　　　　　　　　）

❺　午前 10 時 3 分から 5 分前の時こく

（　　　　　　　　　　）

2 まやさんは、家から公園まで 20
分歩いて、午後 4 時 15 分に公園
に着きました。まやさんが家を出た
のは午後何時何分ですか。　　〔20点〕

（　　　　　　　　　　）

答えは
68ページ

○時間△分前の時こく ①

／100点

1 午前 11 時 20 分から 2 時間 40 分前の時こくをもとめます。

1つ20〔40点〕

 ⇒ 2 時間  ⇒ 40 分

● 午前 11 時 20 分から 2 時間前の時こくを答えましょう。

（　　　　　　）

❷ ●の時こくから 40 分前の時こくを答えましょう。

（　　　　　　）

2 次の時こくを答えましょう。

1つ20〔60点〕

● 午後 5 時 55 分から 2 時間 30 分前の時こく

（　　　　　　）

❷ 午後 3 時 25 分から 1 時間 25 分前の時こく

（　　　　　　）

❸ 午前 9 時 15 分から 3 時間 45 分前の時こく

（　　　　　　）

○時間△分前の時こく ①

／100点

1 午後 10 時 25 分から 2 時間 50 分前の時こくをもとめます。

1つ20〔40点〕

 → 2時間 →  → 50分 →

❶ 午後 10 時 25 分から 2 時間前の時こくを答えましょう。

（　　　　　）

❷ ❶の時こくから 50 分前の時こくを答えましょう。

（　　　　　）

2 次の時こくを答えましょう。

1つ20〔60点〕

❶ 午前 10 時から 2 時間 20 分前の時こく

（　　　　　）

❷ 午前 11 時 5 分から 3 時間 55 分前の時こく

（　　　　　）

❸ 午後 8 時から 2 時間 37 分前の時こく

（　　　　　）

月　日

○時間△分前の時こく ②

／100点

1 次の時こくを答えましょう。　　　　　　　1つ16〔32点〕

❶　午前 11 時 35 分から 3 時間前の時こく

（　　　　　　　　　　）

❷　午後 9 時 10 分から 2 時間
35 分前の時こく

> **ヒント**
> ★ 2 時間前は午後
> 7 時 10 分、その
> 35 分前です。

（　　　　　　　　　　）

2 次の時こくを答えましょう。　　　　　　　1つ17〔68点〕

❶　午前 11 時 50 分から 3 時間 25 分前の時こく

（　　　　　　　　　　）

❷　午後 6 時から 4 時間 15 分前の時こく

（　　　　　　　　　　）

❸　午前 10 時 5 分から 2 時間 55 分前の時こく

（　　　　　　　　　　）

❹　午後 8 時 40 分から 1 時間 45 分前の時こく

（　　　　　　　　　　）

○時間△分前の時こく ②

10分

／100点

1 次の時こくを答えましょう。 1つ16〔80点〕

① 午前 9 時 38 分から 4 時間 38 分前の時こく

（　　　　　　　）

② 午後 8 時 15 分から 3 時間 30 分前の時こく

（　　　　　　　）

③ 午後 4 時 7 分から 1 時間 12 分前の時こく

（　　　　　　　）

④ 午前 10 時 5 分から 2 時間 18 分前の時こく

（　　　　　　　）

⑤ 午前 11 時 23 分から 3 時間 32 分前の時こく

（　　　　　　　）

2 ゆうきさんは、算数の勉強を 2 時間 30 分して、午後 6 時 15 分に勉強を終えました。勉強を始めたのは午後何時何分ですか。 〔20点〕

（　　　　　　　）

答えは
69ページ

○時間△分前の時こく ③

／100点

1 午後１時50分から２時間30分前の時こくをもとめます。

1つ20〔40点〕

 → ２時間 →  → 30分 →

① 午後１時50分から２時間前の時こくを答えましょう。

（　　　　　　　　）

> **ヒント**
> ★ １時間前は午後０時50分、その１時間前は午前になります。

② ①の時こくから30分前の時こくを答えましょう。

（　　　　　　　　）

2 次の時こくを答えましょう。

1つ20〔60点〕

① 午後０時20分から３時間前の時こく

（　　　　　　　　）

② 午後２時40分から３時間40分前の時こく

（　　　　　　　　）

③ 午後１時30分から４時間15分前の時こく

（　　　　　　　　）

答えは
69ページ

○時間△分前の時こく ③

／100点

1 午後 2 時 45 分から 3 時間 33 分前の時こくをもとめます。

1つ20〔40点〕

 3時間  33分

❶ 午後 2 時 45 分から 3 時間前の時こくを答えましょう。

（　　　　　　　　　）

❷ ❶の時こくから 33 分前の時こくを答えましょう。

（　　　　　　　　　）

2 次の時こくを答えましょう。

1つ20〔60点〕

❶ 午後 2 時から 6 時間前の時こく

（　　　　　　　　　）

❷ 午後 0 時 55 分から 2 時間 15 分前の時こく

（　　　　　　　　　）

❸ 午後 1 時 43 分から 3 時間 28 分前の時こく

（　　　　　　　　　）

答えは
69ページ

○時間△分前の時こく ④

/100点

1 次の時こくを答えましょう。　　　　　　　　1つ16〔32点〕

❶　午後 1 時から 2 時間 30 分
　　前の時こく

ヒント
★ 2 時間前は午前 11
　時、その 30 分前です。

（　　　　　　　　　）

❷　午後 0 時から 2 時間 50 分前の時こく

（　　　　　　　　　）

2 次の時こくを答えましょう。　　　　　　　　1つ17〔68点〕

❶　午後 0 時 20 分から 3 時間 30 分前の時こく

（　　　　　　　　　）

❷　午後 1 時 50 分から 3 時間 50 分前の時こく

（　　　　　　　　　）

❸　午後 2 時 25 分から 4 時間 45 分前の時こく

（　　　　　　　　　）

❹　午後 1 時 10 分から 1 時間 40 分前の時こく

（　　　　　　　　　）

月　　　日

○時間△分前の時こく ④

／100点

1 次の時こくを答えましょう。　　　　　　1つ16〔80点〕

❶　午後１時45分から３時間
45分前の時こく　　　（　　　　　　　）

❷　午後２時から２時間25分
前の時こく　　　　　　（　　　　　　　）

❸　午後３時15分から４時間
30分前の時こく　　　（　　　　　　　）

❹　午後１時40分から３時間
45分前の時こく　　　（　　　　　　　）

❺　午後０時35分から１時間
50分前の時こく　　　（　　　　　　　）

2 まみさんは、えいが館で１時間
45分のえいがを見ました。えいが
は午後１時10分に終わったそう
です。えいがが始まった時こくは午
前何時何分ですか。　　　　〔20点〕

（　　　　　　　）

答えは
69ページ

時間 ①

1 午後 3 時 20 分から午後 3 時 50 分までの時間を答えましょう。

〔20点〕

午後3時　　3時20分　　3時50分　4時

□分

(　　　　　　　　)

2 次の時間を答えましょう。

1つ16〔80点〕

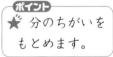

ポイント
★ 分のちがいをもとめます。

① 午前 11 時 5 分から午前 11 時 45 分までの時間

(　　　　　　　　)

② 午後 1 時 20 分から午後 1 時 35 分までの時間

(　　　　　　　　)

③ 午前 8 時 35 分から午前 8 時 48 分までの時間

(　　　　　　　　)

④ 午後 6 時 25 分から午後 6 時 30 分までの時間

(　　　　　　　　)

⑤ 午前 9 時 10 分から午前 9 時 27 分までの時間

(　　　　　　　　)

時間 ①

／100点

1 午前 9 時 10 分から午前 9 時 50 分までの時間を答えましょう。 〔16点〕

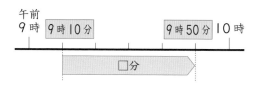

(　　　　　)

2 次の時間を答えましょう。 1つ14〔84点〕

❶ 午後 2 時 40 分から午後 2 時 55 分までの時間

(　　　　　)

❷ 午前 6 時 33 分から午前 6 時 55 分までの時間

(　　　　　)

❸ 午前 11 時 5 分から午前 11 時 40 分までの時間

(　　　　　)

❹ 午後 4 時 12 分から午後 4 時 21 分までの時間

(　　　　　)

❺ 午後 5 時 5 分から午後 5 時 55 分までの時間

(　　　　　)

❻ 午後 7 時 18 分から午後 7 時 51 分までの時間

(　　　　　)

答えは
70ページ

時間 ②

1 午後 2 時 40 分から午後 3 時 30 分までの時間をもとめます。　1つ8〔24点〕

❶　午後 2 時 40 分から午後 3 時
　　までの時間は何分ですか。　　（　　　　　　　　）

❷　午後 3 時から午後 3 時 30 分
　　までの時間は何分ですか。　　（　　　　　　　　）

❸　❶と❷の時間をあわせると
　　何分ですか。　　　　　　　　（　　　　　　　　）

2 次の時間を答えましょう。　　　1つ19〔76点〕

❶　午前 8 時 10 分から午前 9 時
　　までの時間　　　　　　　　　（　　　　　　　　）

❷　午後 1 時 50 分から午後 2 時
　　15 分までの時間　　　　　　（　　　　　　　　）

❸　午前 10 時 45 分から午前 11 時
　　35 分までの時間　　　　　　（　　　　　　　　）

❹　午後 4 時 35 分から午後 5 時
　　10 分までの時間　　　　　　（　　　　　　　　）

答えは
70ページ

時間 ②

/100点

1 午前 9 時 50 分から午前 10 時 20 分までの時間をもとめます。 1つ8〔24点〕

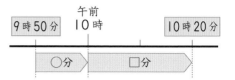

午前
9時50分　10時　　　10時20分

〇分　□分

❶ 午前 9 時 50 分から午前 10 時までの時間は何分ですか。 （　　　　）

❷ 午前 10 時から午前 10 時 20 分までの時間は何分ですか。 （　　　　）

❸ ❶と❷の時間をあわせると何分ですか。 （　　　　）

2 次の時間を答えましょう。 1つ19〔76点〕

❶ 午後 3 時 25 分から午後 4 時までの時間 （　　　　）

❷ 午前 7 時 55 分から午前 8 時 45 分までの時間 （　　　　）

❸ 午後 6 時 35 分から午後 7 時 22 分までの時間 （　　　　）

❹ 午前 10 時 48 分から午前 11 時 6 分までの時間 （　　　　）

答えは
70ページ

時間 ③

/100点

1 午後1時30分から
午後3時20分までの
時間をもとめます。

1つ8〔24点〕

❶　午後1時30分から午後2時
まeの時間は何分ですか。　　　（　　　　　　）

❷　午後2時から午後3時20分
までの時間は何時間何分ですか。　（　　　　　　）

❸　❶と❷の時間をあわせると
何時間何分ですか。　　　　　　（　　　　　　）

2 次の時間を答えましょう。　　　1つ19〔76点〕

❶　午前8時40分から午前11時
までの時間　　　　　　　　　　（　　　　　　）

❷　午後2時30分から午後5時
10分までの時間　　　　　　　（　　　　　　）

❸　午前7時20分から午前11時
50分までの時間　　　　　　　（　　　　　　）

❹　午後1時40分から午後3時
15分までの時間　　　　　　　（　　　　　　）

答えは
70ページ

かくにん **23**

時間 ③

月　　日

10分

/100点

1 午前6時20分から
午前8時50分までの
時間をもとめます。

6時20分　午前7時　8時　8時20分　8時50分

△時間　□分

1つ8〔24点〕

❶　午前6時20分から午前8時
20分までの時間は何時間ですか。
（　　　　　　）

❷　午前8時20分から午前8時
50分までの時間は何分ですか。
（　　　　　　）

❸　❶と❷の時間をあわせると
何時間何分ですか。
（　　　　　　）

2 次の時間を答えましょう。

1つ19〔76点〕

❶　午後4時45分から午後6時
までの時間
（　　　　　　）

❷　午前8時20分から午前10時
25分までの時間
（　　　　　　）

❸　午後3時15分から午後8時
45分までの時間
（　　　　　　）

❹　午前9時38分から午前11時
51分までの時間
（　　　　　　）

答えは
70ページ

時間 ④

10分

／100点

1 午前 10 時 30 分か
ら午後 1 時 20 分ま
での時間をもとめます。

1つ8〔24点〕

❶ 午前 10 時 30 分から正午まで
の時間は何時間何分ですか。

(　　　　　)

❷ 正午から午後 1 時 20 分まで
の時間は何時間何分ですか。

(　　　　　)

❸ ❶と❷の時間をあわせると
何時間何分ですか。

(　　　　　)

2 次の時間を答えましょう。

1つ19〔76点〕

❶ 午前 9 時から午後 1 時 15 分
までの時間

(　　　　　)

❷ 午前 11 時 10 分から午後 3 時
30 分までの時間

(　　　　　)

❸ 午前 10 時 50 分から午後 2 時
25 分までの時間

(　　　　　)

❹ 午前 8 時 30 分から午後 2 時
40 分までの時間

(　　　　　)

答えは
70ページ

時間 ④

/100点

1 午前 9 時 20 分から
午後 2 時 40 分までの
時間をもとめます。

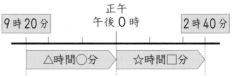

1つ8〔24点〕

❶　午前 9 時 20 分から正午まで
の時間は何時間何分ですか。

（　　　　　　）

❷　正午から午後 2 時 40 分まで
の時間は何時間何分ですか。

（　　　　　　）

❸　❶と❷の時間をあわせると
何時間何分ですか。

（　　　　　　）

2 次の時間を答えましょう。

1つ19〔76点〕

❶　午前 10 時から午後 4 時 45 分
までの時間

（　　　　　　）

❷　午前 10 時 10 分から午後 2 時
30 分までの時間

（　　　　　　）

❸　午前 8 時 15 分から午後 6 時
20 分までの時間

（　　　　　　）

❹　午前 11 時 8 分から午後 1 時
52 分までの時間

（　　　　　　）

答えは
70ページ

秒 ①

／100点

1 次の時間は何秒ですか。

1つ7〔28点〕

① 1分 （　　　　　）

② 2分 （　　　　　）

③ 3分 （　　　　　）

④ 5分 （　　　　　）

> **ポイント**
> ★ 1分より短い時間
> のたんいは秒です。
> 1分＝60秒

2 次の時間は何秒ですか。

1つ9〔72点〕

① 1分30秒

（　　　　　）

② 2分20秒

（　　　　　）

③ 1分15秒

（　　　　　）

④ 3分25秒

（　　　　　）

⑤ 3分40秒

（　　　　　）

⑥ 2分45秒

（　　　　　）

⑦ 4分10秒

（　　　　　）

⑧ 1分55秒

（　　　　　）

答えは
71ページ

かくにん 25

秒 ①

／100点

1 次の時間は何秒ですか。　　　　　　　　　　1つ10〔20点〕

❶　4分

（　　　　　　　）

❷　7分

（　　　　　　　）

2 次の時間は何秒ですか。　　　　　　　　　　1つ8〔80点〕

❶　1分45秒

（　　　　　　　）

❷　3分5秒

（　　　　　　　）

❸　2分50秒

（　　　　　　　）

❹　4分30秒

（　　　　　　　）

❺　1分48秒

（　　　　　　　）

❻　2分7秒

（　　　　　　　）

❼　1分51秒

（　　　　　　　）

❽　2分48秒

（　　　　　　　）

❾　5分50秒

（　　　　　　　）

❿　3分35秒

（　　　　　　　）

答えは
71ページ

月　　　日

秒 ②

／100点

1 次の時間は何分ですか。

1つ10〔20点〕

❶　120秒

（　　　　　　　　）

ヒント
★ 1分＝60秒です。
120秒は60秒が2つ、
240秒は60秒が4つ
です。

❷　240秒

（　　　　　　　　）

2 次の時間は何分何秒ですか。

1つ10〔80点〕

❶　80秒

（　　　　　　　　）

❷　100秒

（　　　　　　　　）

❸　150秒

（　　　　　　　　）

❹　165秒

（　　　　　　　　）

❺　115秒

（　　　　　　　　）

❻　170秒

（　　　　　　　　）

❼　210秒

（　　　　　　　　）

❽　330秒

（　　　　　　　　）

答えは
71ページ

月　　日　　10分

／100点

1 次の時間は何分ですか。　　　　　　　　　　1つ10〔20点〕

❶　180秒

（　　　　　　　　　　）

❷　300秒

（　　　　　　　　　　）

2 次の時間は何分何秒ですか。　　　　　　　　1つ8〔80点〕

❶　95秒

（　　　　　　　　　　）

❷　130秒

（　　　　　　　　　　）

❸　77秒

（　　　　　　　　　　）

❹　145秒

（　　　　　　　　　　）

❺　190秒

（　　　　　　　　　　）

❻　220秒

（　　　　　　　　　　）

❼　250秒

（　　　　　　　　　　）

❽　275秒

（　　　　　　　　　　）

❾　350秒

（　　　　　　　　　　）

❿　500秒

（　　　　　　　　　　）

答えは
71ページ

きほん
27

秒 ③

／100点

1 次のストップウォッチは何秒を表していますか。

1つ20〔60点〕

① (　　　　　)　② (　　　　　)　③ (　　　　　)

2 次のストップウォッチは何分何秒を表していますか。

1つ20〔40点〕

ポイント

★ ストップウォッチの中の小さい文字ばんのはりが、「分」を表しています。

① (　　　　　)　② (　　　　　)

答えは
71ページ

かくにん 27 秒 ③

／100点

1 次のストップウォッチは何秒を表していますか。

1つ20〔40点〕

❶ 　❷

(　　　　　)　(　　　　　)

2 次のストップウォッチは何分何秒を表していますか。

1つ20〔60点〕

❶ 　❷ 　❸

(　　　　　)　(　　　　　)　(　　　　　)

答えは
71ページ

時間の長さくらべ

／100点

1 100 秒と 1 分 30 秒の時間の長さをくらべます。

1つ10〔20点〕

❶　1 分 30 秒は、何秒ですか。

（　　　　　　　　　　）

> **ヒント**
> ★　1 分 30 秒は、60 秒と 30 秒です。

❷　100 秒と 1 分 30 秒では、どちらの時間が長いですか。

（　　　　　　　　　　）

2 長いほうの時間を答えましょう。

1つ10〔80点〕

❶　70 秒、1 分 20 秒

（　　　　　　　　　　）

❷　2 分、130 秒

（　　　　　　　　　　）

❸　160 秒、2 分 30 秒

（　　　　　　　　　　）

❹　3 分、170 秒

（　　　　　　　　　　）

❺　105 秒、1 分 50 秒

（　　　　　　　　　　）

❻　2 分 35 秒、150 秒

（　　　　　　　　　　）

❼　225 秒、3 分 50 秒

（　　　　　　　　　　）

❽　2 分 45 秒、166 秒

（　　　　　　　　　　）

かくにん 28　時間の長さくらべ

/100点

1 150秒と2分40秒の時間の長さをくらべます。

1つ10〔20点〕

❶　150秒は、何分何秒ですか。

（　　　　　　　　　）

ポイント
★ 秒にそろえても、何分何秒にそろえてもよいです。

❷　150秒と2分40秒では、どちらの時間が長いですか。

（　　　　　　　　　）

2 いちばん長い時間を答えましょう。

1つ16〔80点〕

❶　68秒、1分10秒、80秒　　　（　　　　　　　　　）

❷　3分、165秒、2分40秒　　　（　　　　　　　　　）

❸　180秒、2分50秒、160秒　　（　　　　　　　　　）

❹　2分28秒、150秒、138秒　　（　　　　　　　　　）

❺　200秒、3分25秒、195秒　　（　　　　　　　　　）

答えは
71ページ

時間のたんい

／100点

1 あてはまる時間のたんいを書きましょう。 1つ13〔52点〕

ポイント
★ １時間、１分、１秒
の長さをもとに、考え
ましょう。

① きゅう食の時間

45（　　　）

② 手をあらう時間

30（　　　）

③ 算数のじゅ業の時間　　　　45（　　　）

④ ハイキングで歩いた時間　　　　3（　　　）

2 表す時間のたんいが時間のときは○、分のときは△、秒
のときは×を書きましょう。 1つ12〔48点〕

① 朝起きてから、夜ねるまでの時間　　　　（　　　）

② じゅ業が始まるチャイムがなっている時間　　　　（　　　）

③ 朝ごはんを食べる時間　　　　（　　　）

④ 紙ひこうきがとんでいる時間　　　　（　　　）

かくにん 29

時間のたんい

／100点

1 あてはまる時間のたんいを書きましょう。　　1つ12〔60点〕

❶　家から学校まで歩く時間　　10（　　　　）

❷　交さ点のしん号きが黄色に
　　なっていた時間　　3（　　　　）

❸　夜ねている時間　　9（　　　　）

❹　息をすってからはくまでの時間　　4（　　　　）

❺　時計の長いはりがひと回り
　　するのにかかる時間　　60（　　　　）

2 表す時間のたんいが時間のときは○、分のときは△、秒
のときは×を書きましょう。　　1つ10〔40点〕

❶　おふろにはいっている時間　　（　　　　）

❷　時計の短いはりがひと回りするのに
　　かかる時間　　（　　　　）

❸　3年生が50mを走るのにかかった時間　　（　　　　）

❹　遠足に行っていた時間　　（　　　　）

答えは
72ページ

かくにん 30

力だめし ①

/100点

1 次の時間は何時間何分ですか。　　　　1つ12〔48点〕

❶　50分と20分をあわせた時間　　（　　　　　　）

❷　40分と30分と50分をあわせた時間

（　　　　　　）

❸　1時間40分と1時間45分をあわせた時間

（　　　　　　）

❹　3時間15分と2時間25分をあわせた時間

（　　　　　　）

2 次の時間をもとめましょう。　　　　1つ13〔52点〕

❶　55分と20分のちがい　　　　（　　　　　　）

❷　2時間と45分のちがい　　　　（　　　　　　）

❸　1時間30分と47分のちがい　（　　　　　　）

❹　3時間15分と1時間55分のちがい

（　　　　　　）

かくにん
31

力だめし ②

／100点

1 今、午後 1 時 40 分です。次の時こくをもとめましょう。

1つ12〔48点〕

❶　20 分後の時こく （　　　　　　　　）

❷　45 分後の時こく （　　　　　　　　）

❸　1 時間 30 分後の時こく （　　　　　　　　）

❹　3 時間 55 分後の時こく （　　　　　　　　）

2 今、午前 11 時 25 分です。次の時こくをもとめましょう。

1つ13〔52点〕

❶　30 分後の時こく （　　　　　　　　）

❷　1 時間 15 分後の時こく （　　　　　　　　）

❸　1 時間 50 分後の時こく （　　　　　　　　）

❹　3 時間 40 分後の時こく （　　　　　　　　）

答えは
72ページ

月　　　日　　　10分

力だめし ③

／100点

1 今、午前 11 時 30 分です。次の時こくをもとめましょう。

1つ12〔48点〕

❶　15 分前の時こく　　　　　　　（　　　　　　　　）

❷　50 分前の時こく　　　　　　　（　　　　　　　　）

❸　1 時間 45 分前の時こく　　　　（　　　　　　　　）

❹　4 時間 38 分前の時こく　　　　（　　　　　　　　）

2 今、午後 2 時 10 分です。次の時こくをもとめましょう。

1つ13〔52点〕

❶　40 分前の時こく　　　　　　　（　　　　　　　　）

❷　3 時間 10 分前の時こく　　　　（　　　　　　　　）

❸　2 時間 45 分前の時こく　　　　（　　　　　　　　）

❹　5 時間 50 分前の時こく　　　　（　　　　　　　　）

月　　日

力だめし ④

／100点

1 次の時間を答えましょう。　　　　　　　　1つ12〔60点〕

❶　午前 7 時 25 分から午前 10 時
　までの時間　　　　　　　　　　（　　　　　　　）

❷　午後 1 時 45 分から午後 3 時
　10 分までの時間　　　　　　　（　　　　　　　）

❸　午前 9 時 12 分から午前 11 時
　31 分までの時間　　　　　　　（　　　　　　　）

❹　午前 11 時 10 分から午後 2 時
　20 分までの時間　　　　　　　（　　　　　　　）

❺　午前 10 時 35 分から午後 3 時
　8 分までの時間　　　　　　　　（　　　　　　　）

2 次の時間を答えましょう。　　　　　　　　1つ10〔40点〕

❶　1 分 25 秒は何秒ですか。　　（　　　　　　　）

❷　3 分 56 秒は何秒ですか。　　（　　　　　　　）

❸　108 秒は何分何秒ですか。　（　　　　　　　）

❹　400 秒は何分何秒ですか。　（　　　　　　　）

答えは
72ページ

答え

1　3・4ページ

1 ❶ 40分　❷ 47分
　❸ 54分　❹ 43分
　❺ 50分　❻ 50分

2 ❶ 90分　❷ 1時間30分

てびき 2 ❷ 50分＋40分＝90分
90分は1時間30分です。

★ ★ ★

1 ❶ 34分　❷ 50分
　❸ 53分

2 ❶ 60分　❷ 1時間

3 ❶ 80分　❷ 1時間20分

2　5・6ページ

1 ❶ 75分　❷ 1時間15分

2 ❶ 1時間20分　❷ 1時間22分
　❸ 1時間4分　❹ 1時間40分
　❺ 1時間43分

てびき 2 ❶ 40分＋40分＝80分
80分は1時間20分です。

★ ★ ★

1 ❶ 120分　❷ 2時間

2 ❶ 1時間10分　❷ 1時間51分
　❸ 1時間30分　❹ 1時間
　❺ 2時間7分

3　7・8ページ

1 ❶ 1時間20分　❷ 2時間20分

2 ❶ 1時間50分　❷ 1時間53分
　❸ 2時間20分　❹ 2時間25分
　❺ 2時間2分

てびき 2 ❸ 40分と40分で1時間20分、これに1時間をたします。

★ ★ ★

1 ❶ 1時間　❷ 3時間

2 ❶ 1時間56分　❷ 4時間10分
　❸ 3時間20分　❹ 2時間
　❺ 2時間2分

4　9・10ページ

1 ❶ 2時間　❷ 1時間10分
　❸ 3時間10分

2 ❶ 3時間50分　❷ 4時間55分
　❸ 6時間10分　❹ 5時間

★ ★ ★

1 ❶ 3時間40分　❷ 3時間40分
　❸ 3時間21分　❹ 5時間14分
　❺ 4時間

2 ❶ 2時間30分　❷ 3時間

てびき 2 ❶ 1時間50分＋40分
＝2時間30分
　❷ 2時間30分＋30分＝3時間

5　11・12ページ

1 ① 40分　② 10分
　③ 34分　④ 15分
　⑤ 24分　⑥ 19分
2 ① 35分　② 39分
てびき 1 ① 50分−10分＝40分

★ ★ ★

1 ① 18分　② 45分
2 ① 5分　② 29分
　③ 24分　④ 19分
3 ① 1時間48分　② 18分
てびき 3 ① 45分＋63分＝108分
108分は1時間48分です。
② 63分−45分＝18分

6　13・14ページ

1 ① 80分　② 30分
2 ① 1時間10分　② 40分
　③ 25分　④ 20分
　⑤ 35分　⑥ 37分
てびき 1 1時間20分を80分と
考えて「ひき算」で計算します。
80分−50分＝30分
2 ② 1時間を60分と考えます。
60分−20分＝40分

★ ★ ★

1 ① 2時間15分　② 15分
　③ 40分　④ 55分
　⑤ 26分　⑥ 9分
2 38分
てびき 2 1時間25分は85分です。
85分−47分＝38分

7　15・16ページ

1 ① 2時間80分　② 1時間40分
2 ① 2時間40分　② 25分
　③ 1時間50分　④ 20分
　⑤ 1時間20分
てびき 2 ③ 3時間10分を2時
間70分と考えます。
2時間70分−1時間20分
＝1時間50分

★ ★ ★

1 ① 3時間　② 1時間55分
　③ 52分　④ 35分
　⑤ 2時間45分　⑥ 3時間25分
2 52分

8　17・18ページ

1 ① 200分　② 100分
　③ 100分　④ 1時間40分
2 ① 1時間25分　② 1時間10分
　③ 55分
てびき 1 3時間20分を2時間
80分と考えて、
2時間80分−1時間40分
＝1時間40分
と計算することもできます。どちら
のやり方でもできるようにしましょ
う。

★ ★ ★

1 ① 45分　② 1時間2分
　③ 1時間47分　④ 1時間59分
　⑤ 2時間42分　⑥ 2時間33分
2 1時間51分

9

19・20ページ

1 午前 6 時 50 分

2 ❶ 10 分　　❷ 30 分
　　❸ 午後 4 時 30 分

てびき **2** ❸ 3 時 50 分から 4 時までは 10 分だから、4 時から 30 分後の時こくになります。

★　★　★

1 午後 5 時 55 分

2 ❶ 25 分　　❷ 25 分
　　❸ 午前 8 時 25 分

10

21・22ページ

1 ❶ 20 分　　❷ 15 分
　　❸ 午前 11 時 15 分

2 ❶ 午前 10 時 30 分
　　❷ 午後 2 時 10 分
　　❸ 午前 7 時 35 分
　　❹ 午後 4 時 25 分

てびき **2** ❷ 1 時 30 分から 2 時までは 30 分だから、2 時から 10 分後の時こくです。

★　★　★

1 ❶ 午後 7 時 57 分
　　❷ 午前 11 時
　　❸ 午前 9 時 15 分
　　❹ 午後 2 時 35 分
　　❺ 午後 10 時 5 分
　　❻ 午前 10 時 4 分

2 午後 5 時 20 分

てびき **2** もとめる時こくは、午後 4 時 45 分から 35 分後です。

11

23・24ページ

1 ❶ 午後 3 時 40 分
　　❷ 午後 4 時 10 分

2 ❶ 午前 9 時 53 分
　　❷ 午後 3 時 15 分
　　❸ 午前 10 時

てびき **2** ❷ 1 時 50 分の 1 時間後は 2 時 50 分で、その 25 分後は 3 時 15 分です。

★　★　★

1 ❶ 午前 10 時 15 分
　　❷ 午前 11 時 5 分

2 ❶ 午後 4 時 46 分
　　❷ 午後 11 時 13 分
　　❸ 午前 9 時 31 分

12

25・26ページ

1 ❶ 午前 10 時 45 分
　　❷ 午後 5 時 40 分

2 ❶ 午後 7 時
　　❷ 午前 10 時 10 分
　　❸ 午後 10 時 5 分
　　❹ 午前 11 時 10 分

てびき **2** ❶ 2 時間後は 6 時 36 分、その 24 分後はちょうど 7 時です。

★　★　★

1 ❶ 午後 4 時 53 分
　　❷ 午前 10 時 40 分
　　❸ 午前 11 時
　　❹ 午後 8 時 46 分
　　❺ 午後 7 時 28 分

2 午後 4 時 20 分

13

1 ① 午後 1 時 20 分
　② 午後 1 時 50 分
2 ① 午後 2 時 40 分
　② 午後 1 時 40 分
　③ 午後 1 時 55 分

てびき 2 ①午前 10 時から 4 時間後は午後 2 時だから、午後 2 時から 40 分後の午後 2 時 40 分になります。

★ ★ ★

1 ① 午後 2 時 45 分
　② 午後 3 時 25 分
2 ① 午後 4 時 50 分
　② 午後 2 時
　③ 午後 2 時 15 分

14

1 ① 午後 3 時 40 分
　② 午後 1 時 35 分
2 ① 午後 1 時 10 分
　② 午後 2 時 15 分
　③ 午後 5 時
　④ 午後 1 時 10 分

★ ★ ★

1 ① 午後 1 時 43 分
　② 午後 4 時 10 分
　③ 午後 3 時 24 分
　④ 午後 2 時
　⑤ 午後 2 時 6 分
2 午後 3 時 20 分

てびき 2 学校を出た時こくは、午前 8 時 25 分から 6 時間 55 分後です。

15

1 午前 10 時 10 分
2 ① 10 分前　② 30 分
　③ 午後 1 時 30 分

てびき 2 10 分前は 2 時だから、2 時から 30 分前の時こくになります。

★ ★ ★

1 ① 午後 4 時 20 分
　② 午前 10 時 6 分
2 ① 15 分前　② 35 分
　③ 午前 10 時 25 分

16

1 ① 10 分前　② 25 分
　③ 午前 7 時 35 分
2 ① 午後 2 時 25 分
　② 午後 3 時 15 分
　③ 午前 10 時 50 分
　④ 午前 6 時 55 分
　⑤ 午後 8 時 35 分

てびき 2 ③20 分前は 11 時だから、11 時から 10 分前の時こくになります。

★ ★ ★

1 ① 午後 3 時 17 分
　② 午前 8 時 40 分
　③ 午後 4 時 55 分
　④ 午後 1 時 48 分
　⑤ 午前 9 時 58 分
2 午後 3 時 55 分

てびき 2 家を出た時こくは、午後 4 時 15 分から 20 分前です。

17

35・36ページ

1 ❶ 午前 9 時 20 分

❷ 午前 8 時 40 分

2 ❶ 午後 3 時 25 分

❷ 午後 2 時

❸ 午前 5 時 30 分

てびき **2** ❸ 9 時 15 分の 3 時間前が 6 時 15 分だから、その 45 分前は 5 時 30 分になります。

★ ★ ★

1 ❶ 午後 8 時 25 分

❷ 午後 7 時 35 分

2 ❶ 午前 7 時 40 分

❷ 午前 7 時 10 分

❸ 午後 5 時 23 分

18

37・38ページ

1 ❶ 午前 8 時 35 分

❷ 午後 6 時 35 分

2 ❶ 午前 8 時 25 分

❷ 午後 1 時 45 分

❸ 午前 7 時 10 分

❹ 午後 6 時 55 分

★ ★ ★

1 ❶ 午前 5 時

❷ 午後 4 時 45 分

❸ 午後 2 時 55 分

❹ 午前 7 時 47 分

❺ 午前 7 時 51 分

2 午後 3 時 45 分

てびき **2** 勉強を始めた時こくは、6 時 15 分の 2 時間 30 分前です。

19

39・40ページ

1 ❶ 午前 11 時 50 分

❷ 午前 11 時 20 分

2 ❶ 午前 9 時 20 分

❷ 午前 11 時

❸ 午前 9 時 15 分

★ ★ ★

1 ❶ 午前 11 時 45 分

❷ 午前 11 時 12 分

2 ❶ 午前 8 時

❷ 午前 10 時 40 分

❸ 午前 10 時 15 分

20

41・42ページ

1 ❶ 午前 10 時 30 分

❷ 午前 9 時 10 分

2 ❶ 午前 8 時 50 分

❷ 午前 10 時

❸ 午前 9 時 40 分

❹ 午前 11 時 30 分

てびき **2** ❶ 午後 0 時 20 分から 3 時間前は午前 9 時 20 分で、その 30 分前だから、午前 8 時 50 分になります。

★ ★ ★

1 ❶ 午前 10 時

❷ 午前 11 時 35 分

❸ 午前 10 時 45 分

❹ 午前 9 時 55 分

❺ 午前 10 時 45 分

2 午前 11 時 25 分

てびき **2** 午後 1 時 10 分から 1 時間 45 分前の時こくをもとめます。

21

1 ▶ 30分

2 ▶ ① 40分　　② 15分
　　③ 13分　　④ 5分
　　⑤ 17分

てびき 1 ▶ 午後3時は同じなので、
分のちがいをもとめます。
50分−20分＝30分

★　★　★

1 ▶ 40分

2 ▶ ① 15分　　② 22分
　　③ 35分　　④ 9分
　　⑤ 50分　　⑥ 33分

22

1 ▶ ① 20分　　② 30分
　　③ 50分

2 ▶ ① 50分　　② 25分
　　③ 50分　　④ 35分

てびき 1 ▶ 2時40分から3時まで
の時間と、3時から3時30ま
での時間をわけて考えます。

2 ▶ ② 1時50分から2時までは
10分で、2時から2時15分まで
は15分だから、あわせて25分に
なります。

★　★　★

1 ▶ ① 10分　　② 20分
　　③ 30分

2 ▶ ① 35分　　② 50分
　　③ 47分　　④ 18分

23

1 ▶ ① 30分　　② 1時間20分
　　③ 1時間50分

2 ▶ ① 2時間20分　② 2時間40分
　　③ 4時間30分　④ 1時間35分

てびき 2 ▶ ③ 7時20分から11
時20分までは4時間で、11時
20分から11時50分までは30
分と考えてもとめてもよいです。

★　★　★

1 ▶ ① 2時間　　② 30分
　　③ 2時間30分

2 ▶ ① 1時間15分　② 2時間5分
　　③ 5時間30分　④ 2時間13分

24

1 ▶ ① 1時間30分　② 1時間20分
　　③ 2時間50分

2 ▶ ① 4時間15分　② 4時間20分
　　③ 3時間35分　④ 6時間10分

てびき 1 ▶ 正午までの時間と、正午
からの時間をわけて考えます。

★　★　★

1 ▶ ① 2時間40分　② 2時間40分
　　③ 5時間20分

2 ▶ ① 6時間45分　② 4時間20分
　　③ 10時間5分　④ 2時間44分

てびき 1 ▶ 午前9時20分から午
後2時20分までは5時間、午後
2時20分から午後2時40分ま
では20分、あわせて5時間20
分ともとめることもできます。

25　51・52ページ

1 ❶ 60 秒　　❷ 120 秒
　　❸ 180 秒　　❹ 300 秒
2 ❶ 90 秒　　❷ 140 秒
　　❸ 75 秒　　❹ 205 秒
　　❺ 220 秒　　❻ 165 秒
　　❼ 250 秒　　❽ 115 秒

てびき **1** ❷ 60 秒 × 2 ＝ 120 秒
2 ❶ 60 秒 ＋ 30 秒 ＝ 90 秒

★　★　★

1 ❶ 240 秒　　❷ 420 秒
2 ❶ 105 秒　　❷ 185 秒
　　❸ 170 秒　　❹ 270 秒
　　❺ 108 秒　　❻ 127 秒
　　❼ 111 秒　　❽ 168 秒
　　❾ 350 秒　　❿ 215 秒

26　53・54ページ

1 ❶ 2 分　　❷ 4 分
2 ❶ 1 分 20 秒　❷ 1 分 40 秒
　　❸ 2 分 30 秒　❹ 2 分 45 秒
　　❺ 1 分 55 秒　❻ 2 分 50 秒
　　❼ 3 分 30 秒　❽ 5 分 30 秒

てびき **2** ❸ 60 秒 が 2 つ と 30
秒だから、2 分 30 秒です。

★　★　★

1 ❶ 3 分　　❷ 5 分
2 ❶ 1 分 35 秒　❷ 2 分 10 秒
　　❸ 1 分 17 秒　❹ 2 分 25 秒
　　❺ 3 分 10 秒　❻ 3 分 40 秒
　　❼ 4 分 10 秒　❽ 4 分 35 秒
　　❾ 5 分 50 秒　❿ 8 分 20 秒

27　55・56ページ

1 ❶ 20 秒　　❷ 45 秒
　　❸ 18 秒
2 ❶ 1 分 40 秒　❷ 2 分 25 秒

てびき **1** ストップウォッチの長い
はりの目もりを読みます。
2 小さい文字ばんのはりが「分」、大
きい文字ばんのはりが「秒」を表しま
す。

★　★　★

1 ❶ 37 秒　　❷ 54 秒
2 ❶ 1 分 55 秒　❷ 2 分 13 秒
　　❸ 3 分 48 秒

28　57・58ページ

1 ❶ 90 秒　　❷ 100 秒
2 ❶ 1 分 20 秒　❷ 130 秒
　　❸ 160 秒　　❹ 3 分
　　❺ 1 分 50 秒　❻ 2 分 35 秒
　　❼ 3 分 50 秒　❽ 166 秒

てびき **1** 100 秒 ＝ 1 分 40 秒と
して、何分何秒にそろえてくらべる
こともできます。

★　★　★

1 ❶ 2 分 30 秒　❷ 2 分 40 秒
2 ❶ 80 秒　　❷ 3 分
　　❸ 180 秒　　❹ 150 秒
　　❺ 3 分 25 秒

てびき **1** 2 分 40 秒 ＝ 160 秒と
して、秒にそろえてくらべることも
できます。

29

59・60ページ

1 ❶ 分 　　　　❷ 秒
　❸ 分 　　　　❹ 時間

2 ❶ ○ 　❷ × 　❸ △ 　❹ ×

てびき 1 それぞれどのくらいの時間になるのか、じっさいにたしかめてみましょう。

★ ★ ★

1 ❶ 分 　　　　❷ 秒
　❸ 時間 　　　❹ 秒
　❺ 分

2 ❶ △ 　❷ ○ 　❸ × 　❹ ○

30

61ページ

1 ❶ 1時間10分 　❷ 2時間
　❸ 3時間25分 　❹ 5時間40分

2 ❶ 35分 　　　　❷ 1時間15分
　❸ 43分 　　　　❹ 1時間20分

31

62ページ

1 ❶ 午後2時
　❷ 午後2時25分
　❸ 午後3時10分
　❹ 午後5時35分

2 ❶ 午前11時55分
　❷ 午後0時40分
　❸ 午後1時15分
　❹ 午後3時5分

てびき 2 正午をまたぐと、時こくは「午後」になります。気をつけましょう。

32

63ページ

1 ❶ 午前11時15分
　❷ 午前10時40分
　❸ 午前9時45分
　❹ 午前6時52分

2 ❶ 午後1時30分
　❷ 午前11時
　❸ 午前11時25分
　❹ 午前8時20分

てびき 2 正午より前のとき、時こくは「午前」になります。

33

64ページ

1 ❶ 2時間35分 　❷ 1時間25分
　❸ 2時間19分 　❹ 3時間10分
　❺ 4時間33分

2 ❶ 85秒 　　　　❷ 236秒
　❸ 1分48秒 　　❹ 6分40秒

てびき 1 ❹正午より前の時間と、正午より後の時間をたしましょう。

2 ❶1分＝60秒だから、60秒と25秒をたします。
　❸108秒は、60秒が1つと48秒です。

3 2 1 0 9 8 7 6 5 4
＊ ＊ D C B A